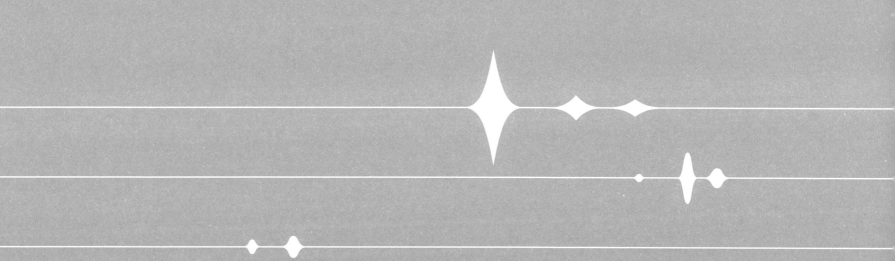

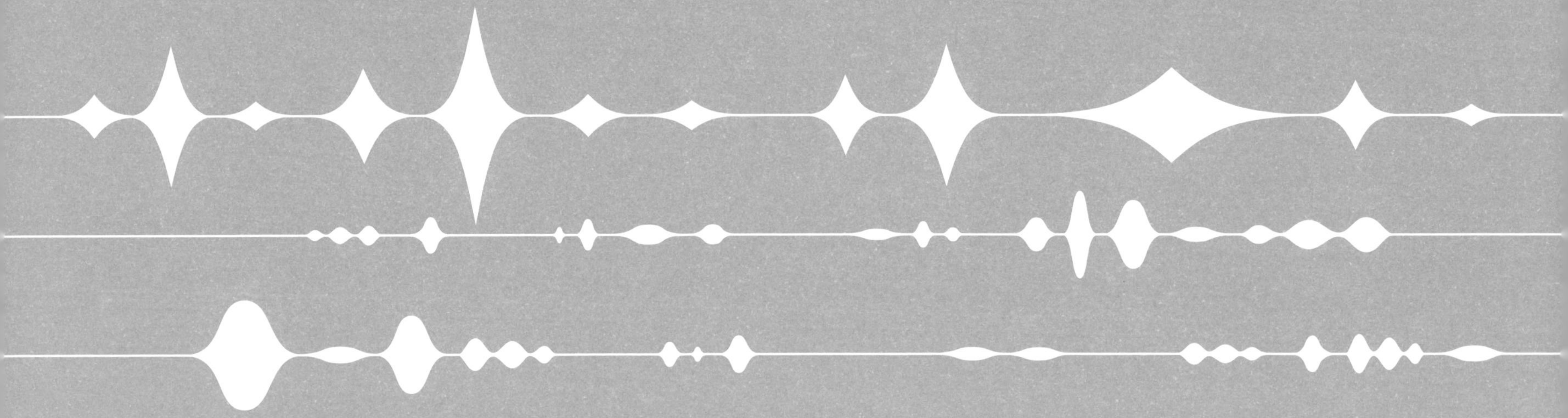

好奇心 科普图画书

SHENGYIN ZHI SHU

声音之书

LOUDLY, SOFTLY, IN A WHISPER

[乌克兰] 罗曼娜·罗曼尼辛 [乌克兰] 安德里·利斯夫 著 迟庆立 译 赵思家 审订

接力出版社
Publishing House

起初，世界一片寂静。

之后，轰的一声，宇宙中充满了声响。*

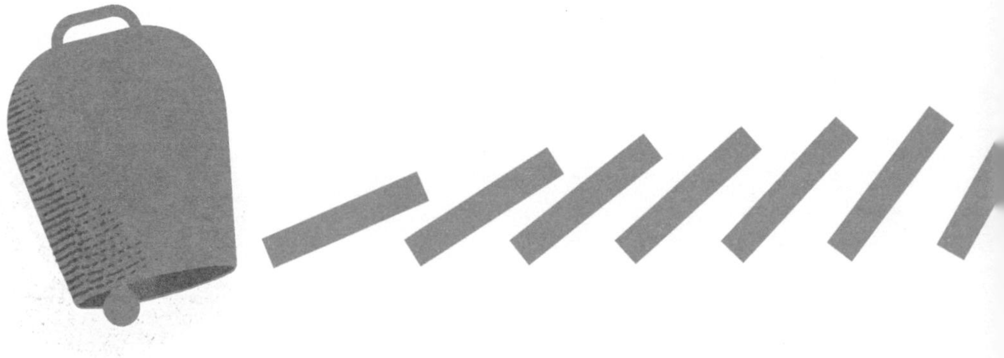

声音
声音是由物体振动而产生，并且能被听觉器官所感知到的波动现象。

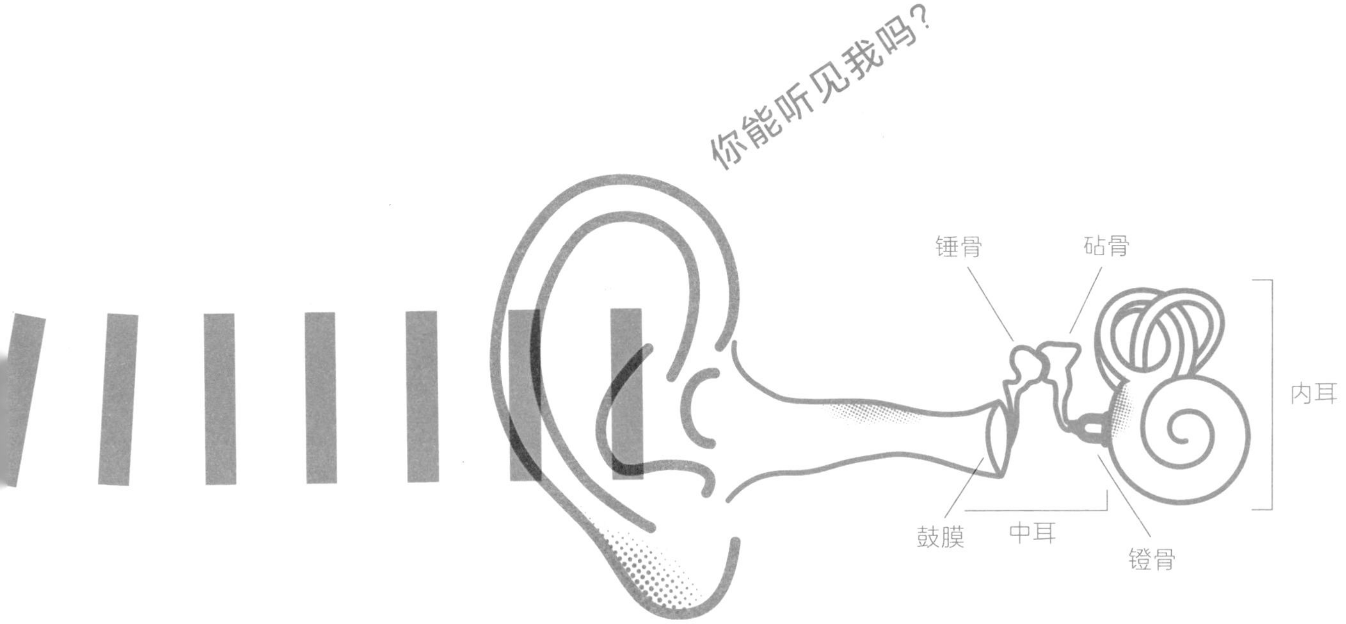

声音是看不见的，但它会吸引我们的注意力，
我们去听——然后，就听到了。

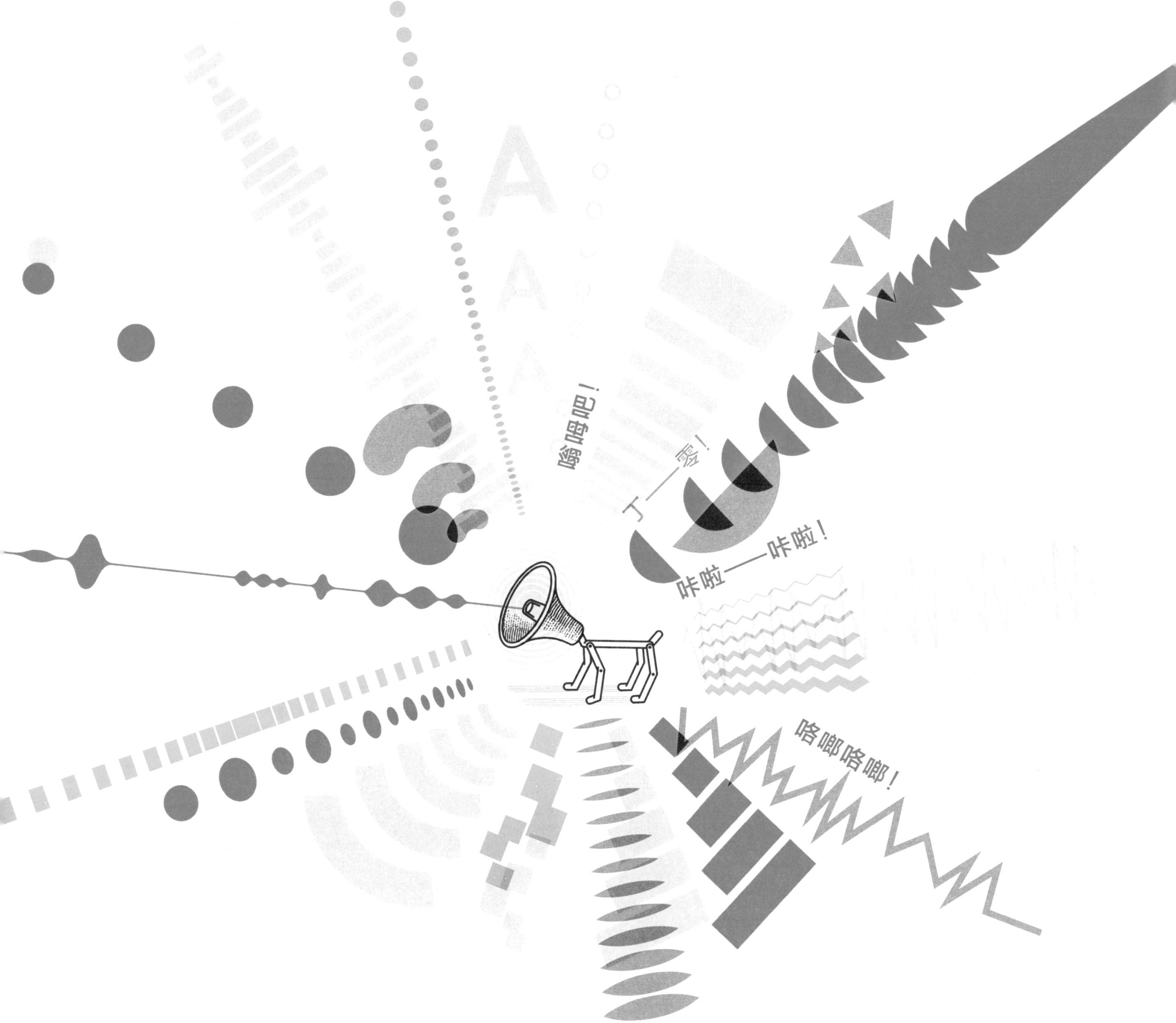

世界上有各种各样的声音：有的嘈杂，有的柔和；
有的高亢，有的低沉；有我们熟悉的，也有我们从未听过的。

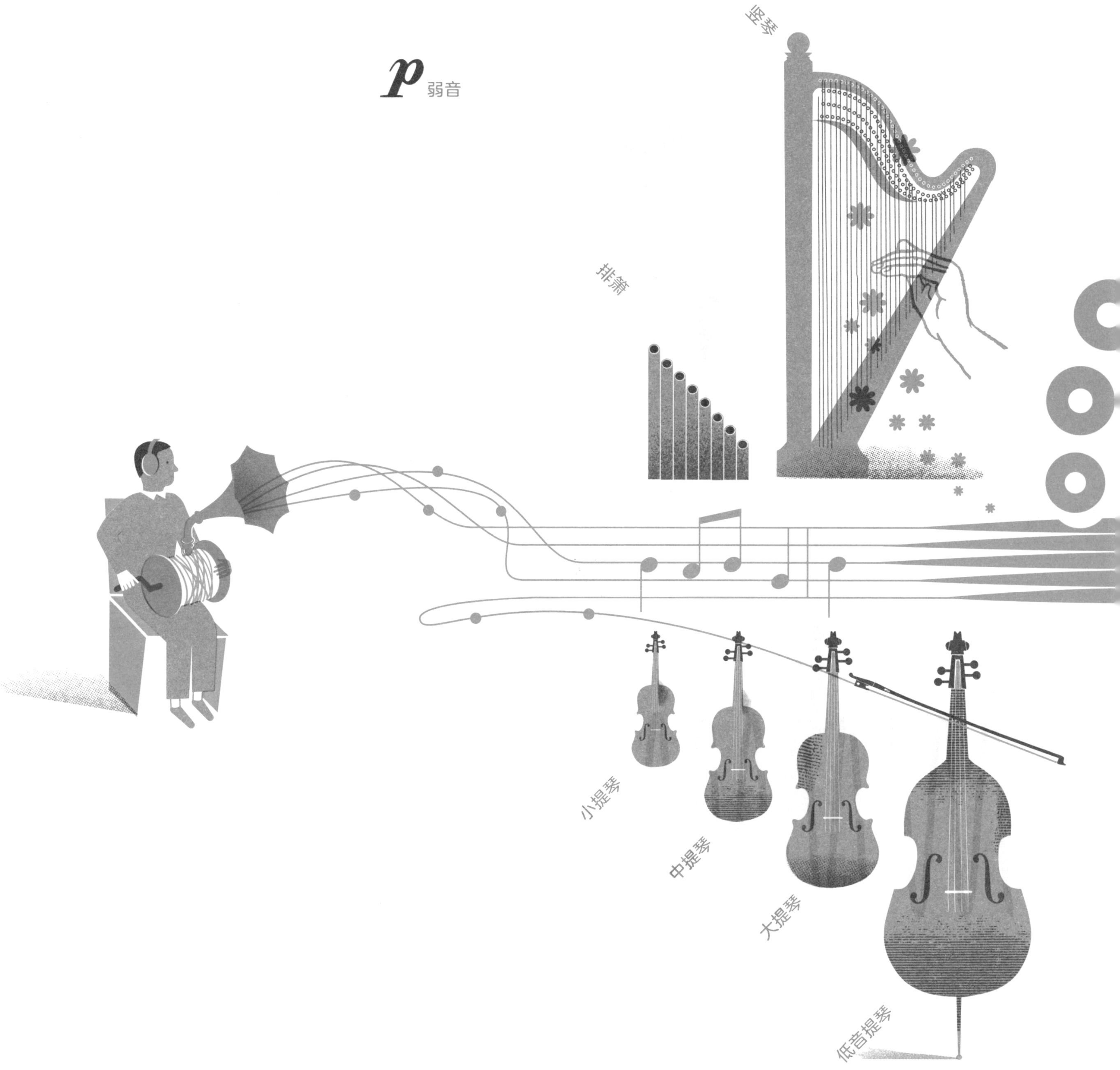

在已知和未知的声音海洋中，我们总是不由自主地寻找着秩序与和谐，音乐就这样诞生了。

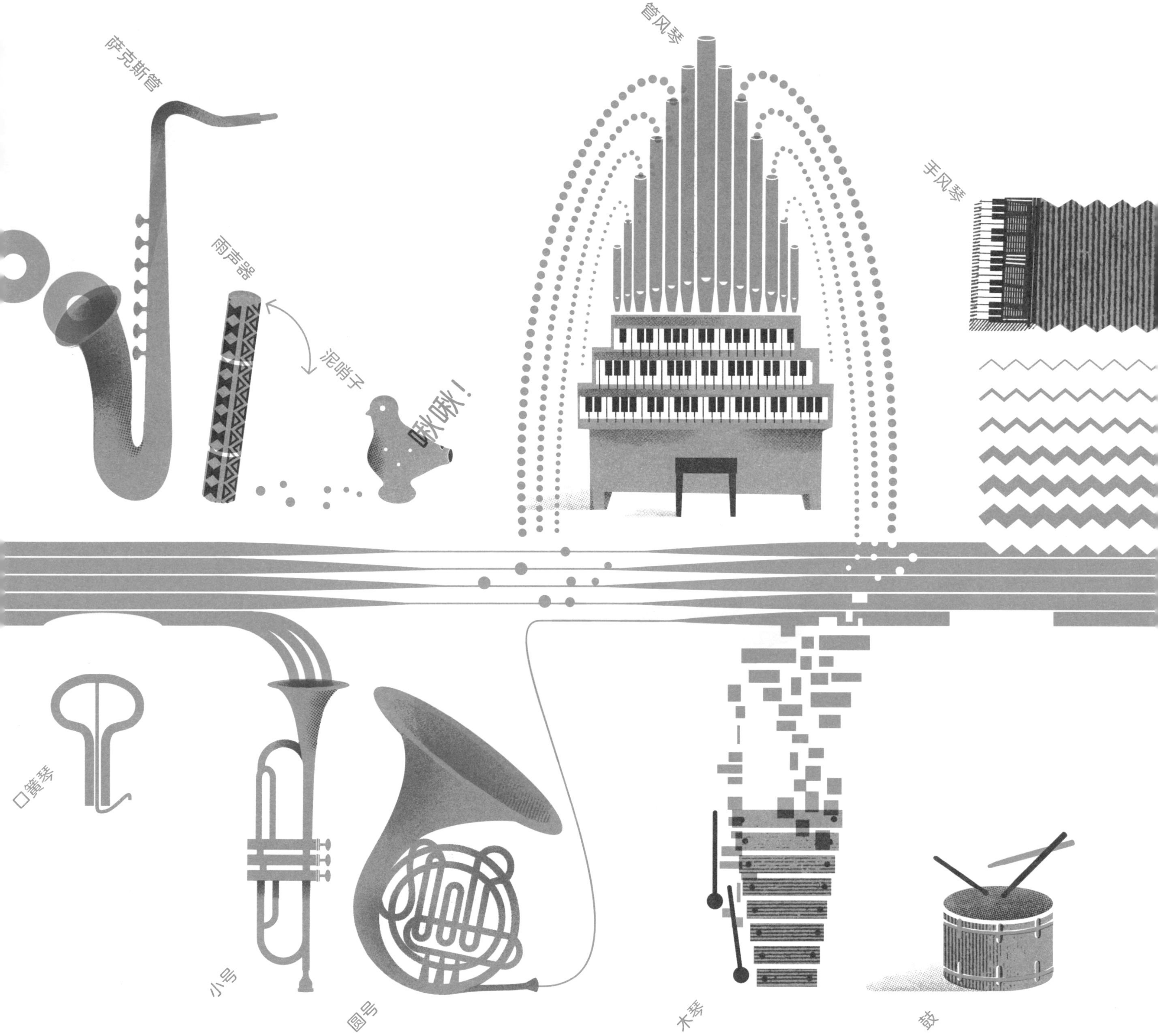
萨克斯管
雨声器
泥哨子
啾啾！
管风琴
手风琴
口簧琴
小号
圆号
木琴
鼓

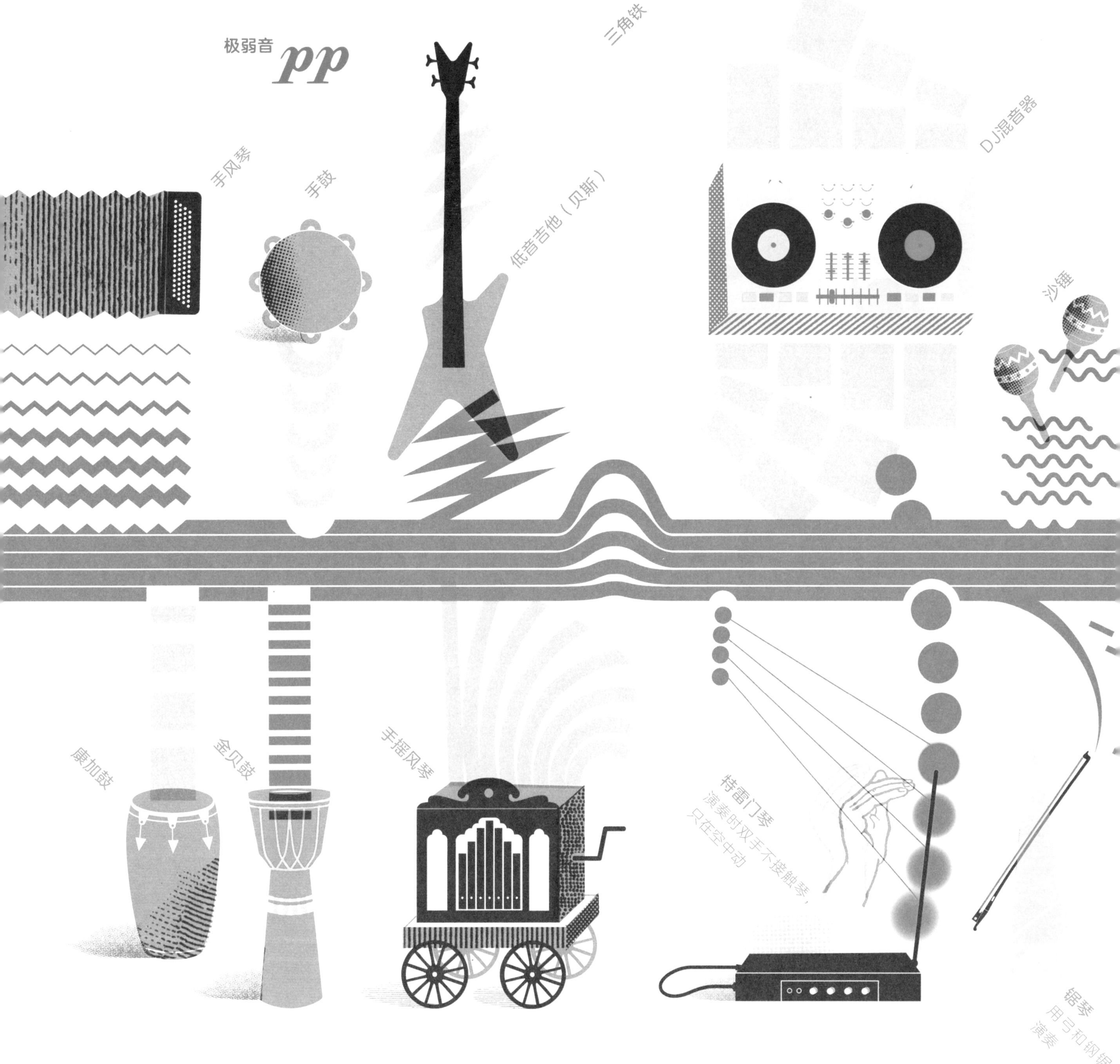

用来演奏音乐的乐器多得数也数不清——有的很简单，
比如鼓；有的很复杂，比如管风琴。

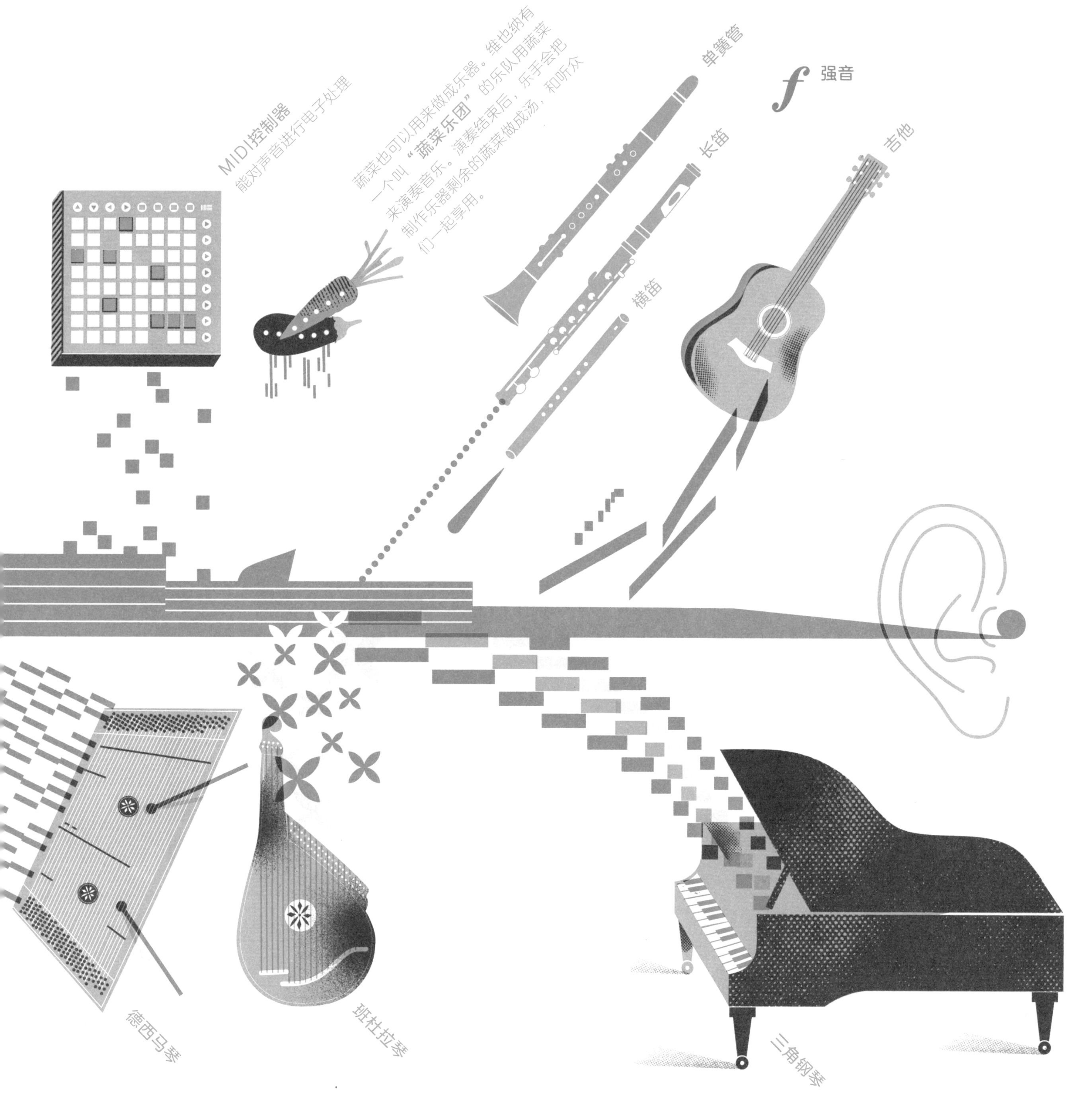
MIDI控制器
能对声音进行电子处理
蔬菜也可以用来做成乐器。维也纳有一个叫“蔬菜乐团”的乐队用蔬菜来演奏音乐。演奏结束后，乐手会把制作乐器剩余的蔬菜做成汤，和听众们一起享用。
单簧管
f 强音
长笛
吉他
横笛
德西马琴
班杜拉琴
三角钢琴

演奏时可以独奏，也可以与别人合奏。

我们都有自己独特的发声方式，这就是我们的嗓音。

多亏有声音，我们才能与身边的人相互沟通。
有了声音的帮助，你就能创造奇迹了，那就是——唱歌！

为了听我们体内的声音，
医生要用**听诊器**

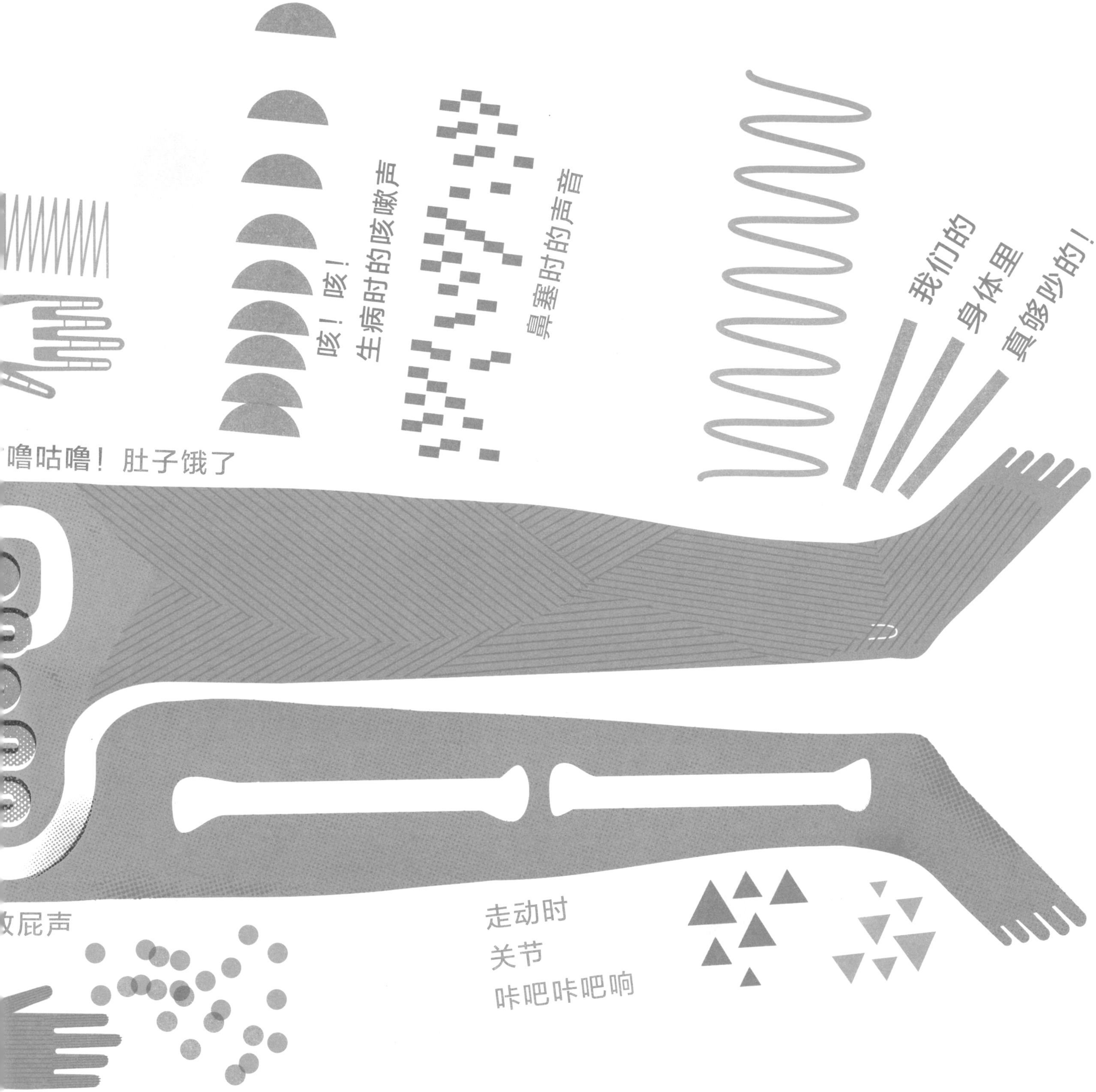
咳！咳！
生病时的咳嗽声
鼻塞时的声音
我们的
身体里
真够吵的！
噜咕噜！肚子饿了
屁声
走动时
关节
咔吧咔吧响

我们的身体也在演奏自己的音乐，
创造出各种各样的声音！

交响屋

在美国密歇根湖畔，建筑师大卫·哈那瓦尔特和声音设计师威廉·克罗斯共同建造了一座房子。这座房子发出的声音，听起来就像乐器的乐声。房子里外都装着琴弦，墙壁也有特殊的声学特性。当风穿过墙壁与房间，房子会发出悠扬的声音。

注：《我的太阳》是意大利一首著名的男高音歌曲，意大利文为 O sole mio。图中的 ooo 是 O sole mio 的延长音。

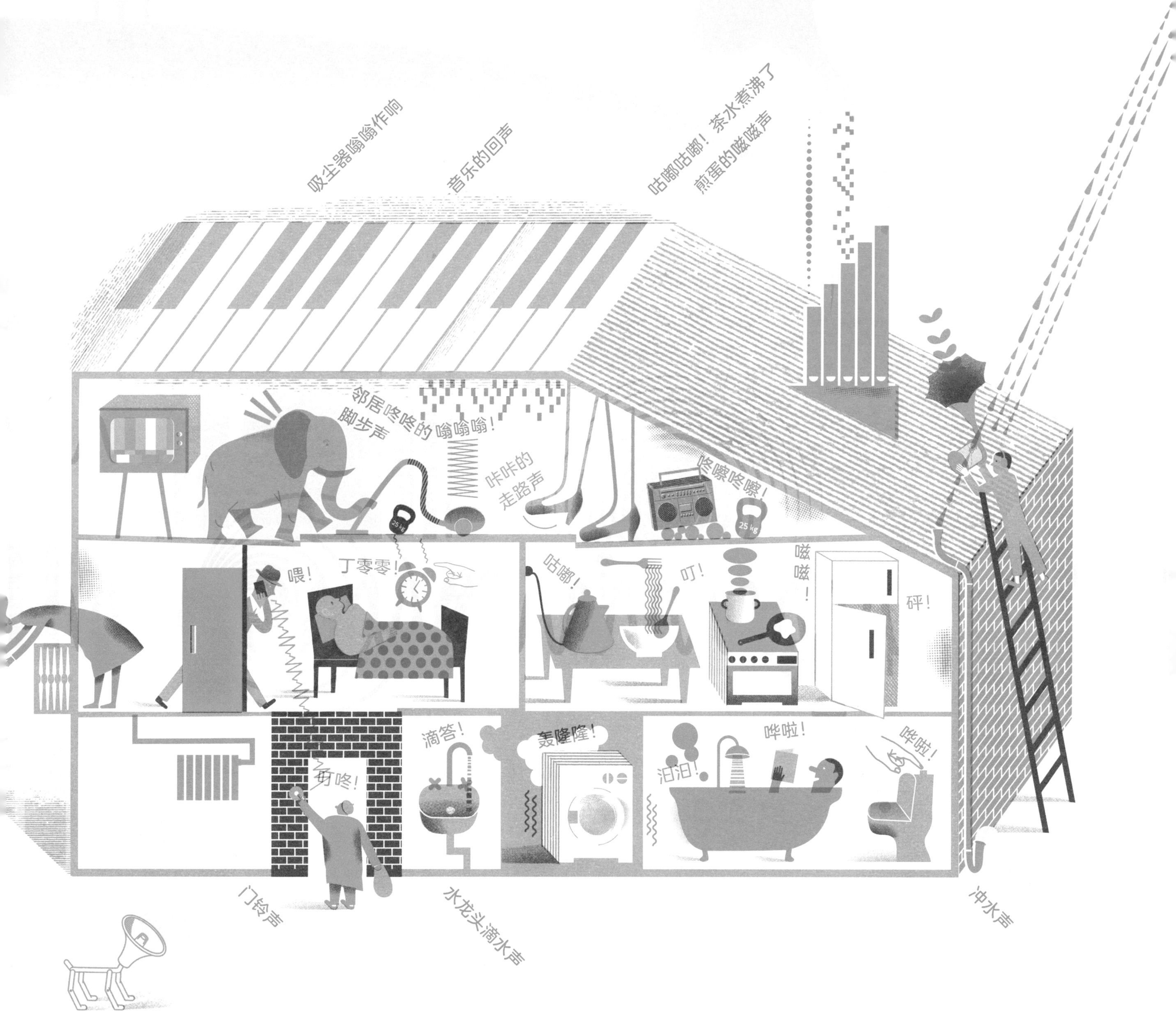

有时候我们的家听上去也像乐器。

噪声污染

嘈杂的声音对健康有害。

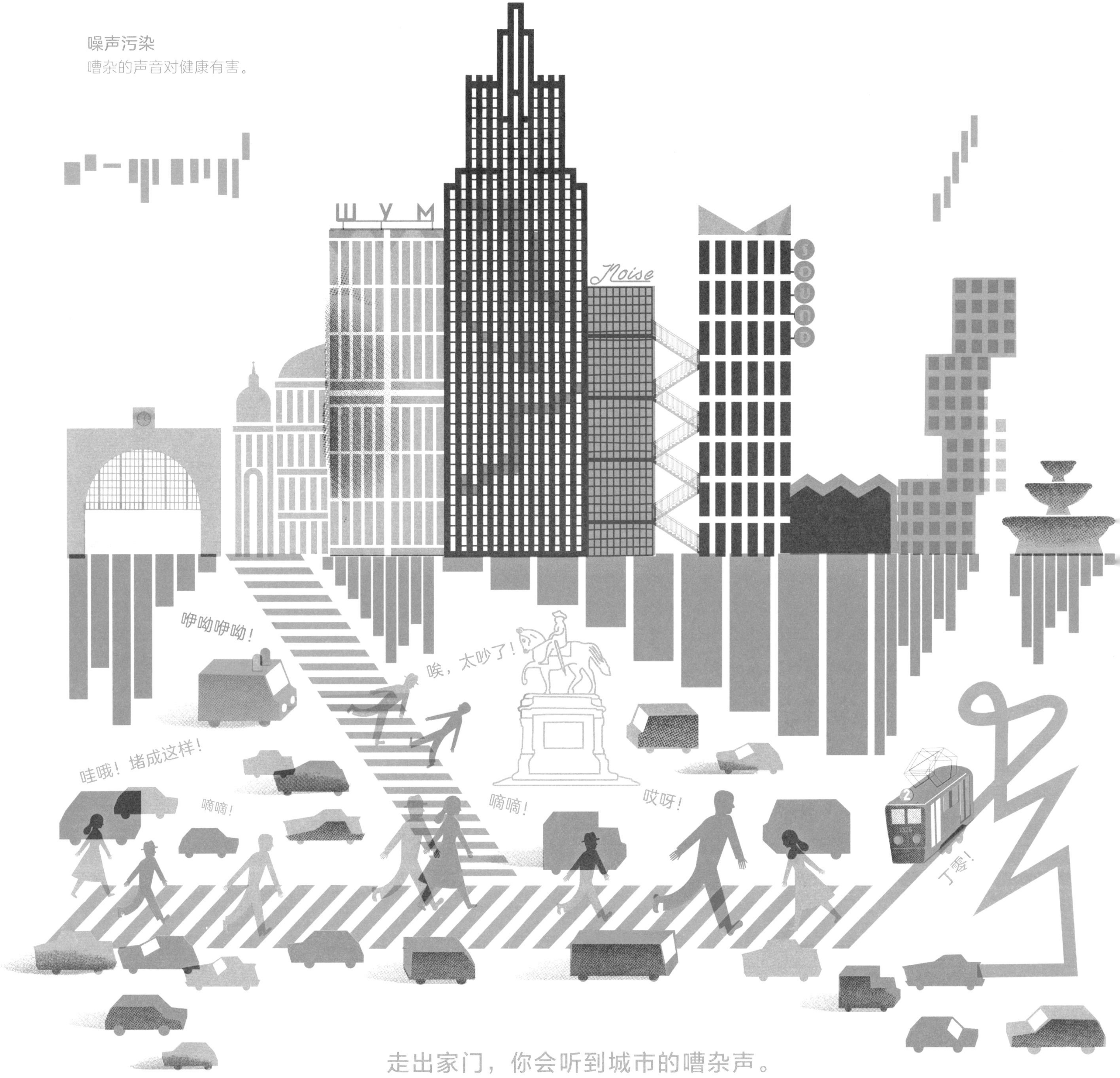

走出家门，你会听到城市的嘈杂声。

各种声音叠加、增强并混合在一起，就成了噪声。

大自然的声音会让我们平静下来。即便听录音，也一样能让我们的心情好起来。

大自然的声音一如既往，我们今天听到的，和我们的曾曾曾祖父听到的一样。

回声

声音遇到障碍物后反射回来，这时我们听到的声音就是回声。

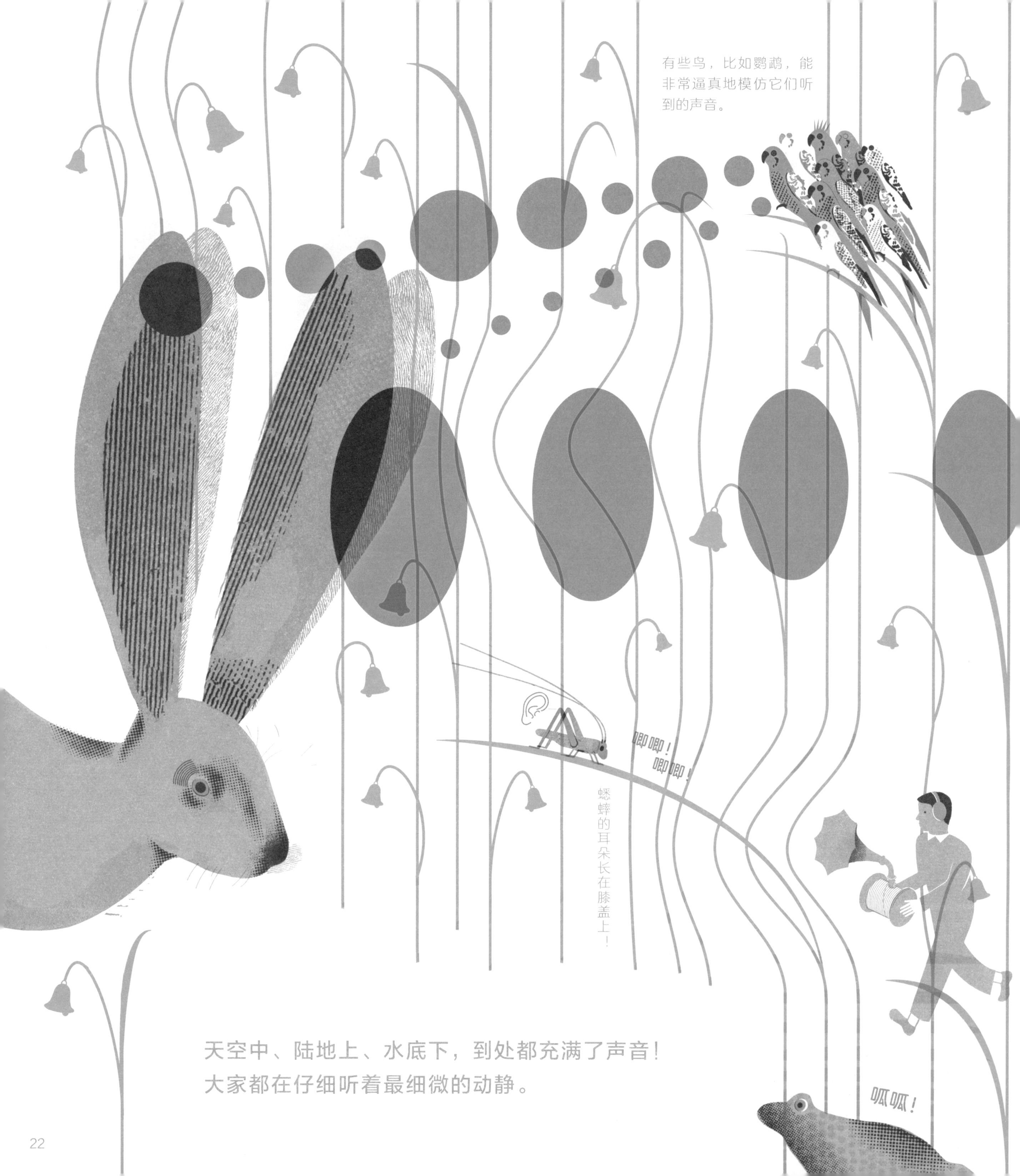

有些鸟，比如鹦鹉，能非常逼真地模仿它们听到的声音。

蟋蟀的耳朵长在膝盖上！

天空中、陆地上、水底下，到处都充满了声音！大家都在仔细听着最细微的动静。

动物会通过发出叫声、听声音来探测环境是否安全，或者借助声音来沟通和捕食。

要论地球上哪种动物的声音最大，蓝鲸和鼓虾是数一数二的。蓝鲸能长到30米长，而小小的鼓虾身长只有2到5厘米。

分贝

分贝是衡量声音强度的单位。

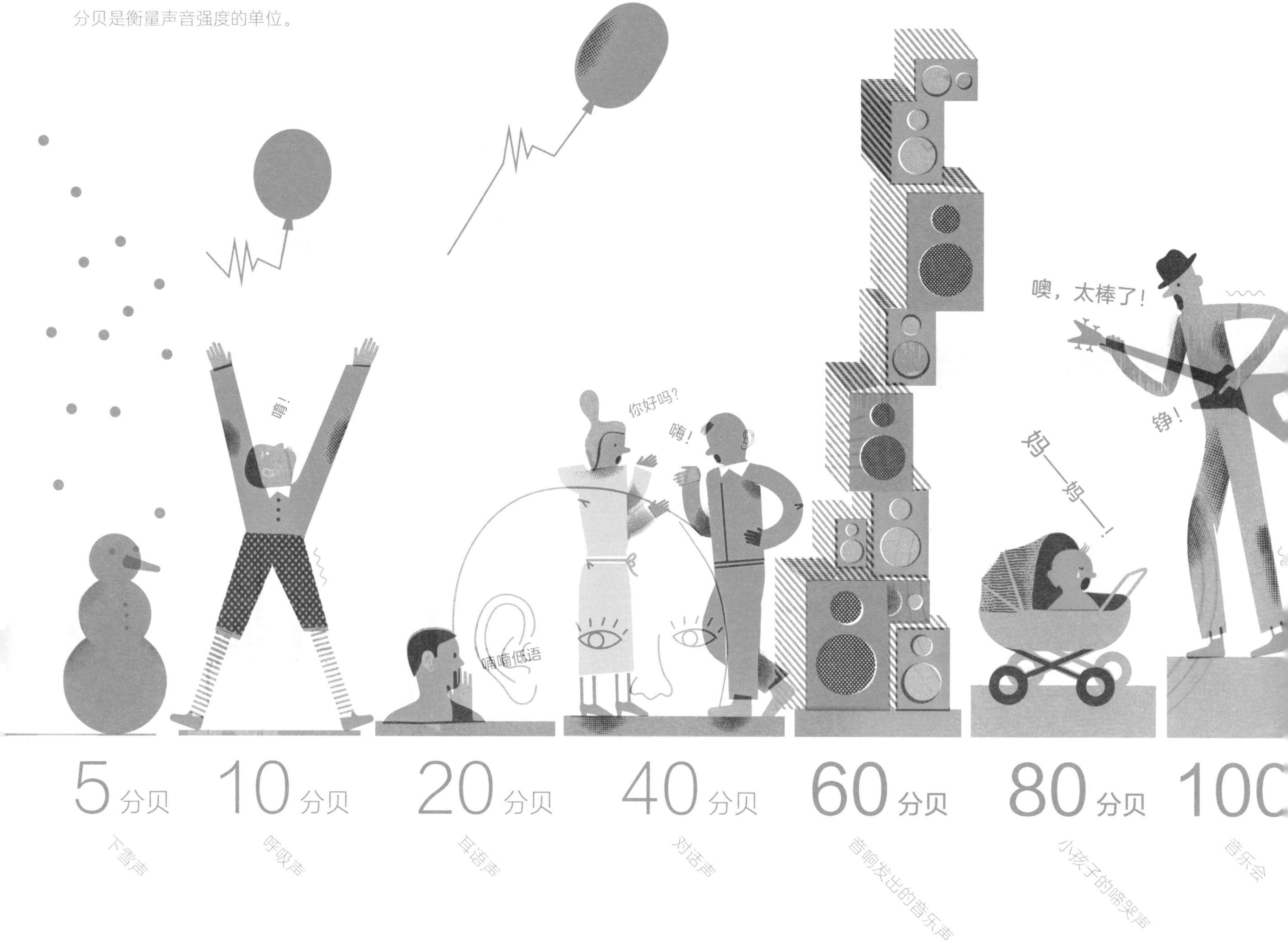

有的时候声音小到需要侧耳细听，

20 分贝
雷声、直升机的轰鸣、
花的爆响

130 分贝
人承受声音的极限。不能再高了，超过这个强度就会损害听力

174 分贝
火山爆发的声音

220 分贝
核爆炸的声音

315 分贝
1908年6月30日发生了通古斯大爆炸，这场大爆炸产生了地球上有记载的最响的声音

有时候又大得震耳欲聋。

赫兹

赫兹是度量声波振动频率的单位。人类只能听见声频在20至20000赫兹的声音。低于20赫兹的，叫作次声波；高于20000赫兹的，叫作超声波。

注：原版书中，低于16赫兹的声音叫作次声波。美国国家标准技术研究所制定的规则为低于20赫兹的声音叫作次声波，中国沿用此标准。

还有很多人听不到，
但动物能听到的声音。

回声定位

蝙蝠在空中通过叫声来导航。它们的叫声属于超声波。

大蜡螟是听力最敏锐的动物。

鲸和海豚通过超声波来进行内部交流。

有些动物的听觉频率范围比人类广得多。

有时候声音太美了，美得我们想一遍遍反复听。
这样就需要把声音记录和保存下来。

录音（audio）
就是在介质上把声音记录下来。拉丁语audio的意思是“我听到”。

磁带录音机
用磁带记录声音

MP3文件
以数字格式储存声音

飞利浦科技公司开发出**卡带录音机**

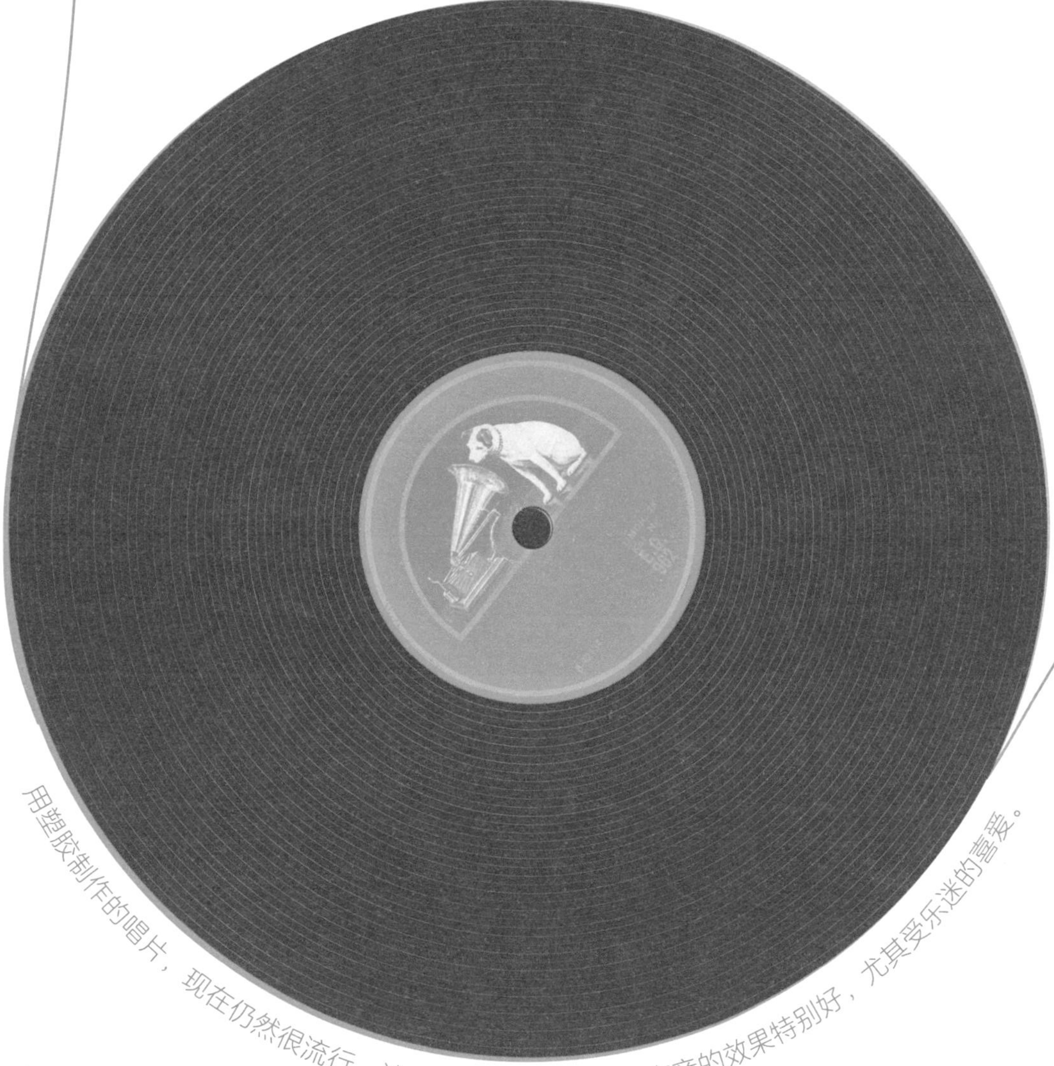

用塑胶制作的唱片，现在仍然很流行。这是因为塑胶唱片再现声音的效果特别好，尤其受乐迷的喜爱。

滚筒式留声机
爱迪生发明了第一台记录声音的机械装置

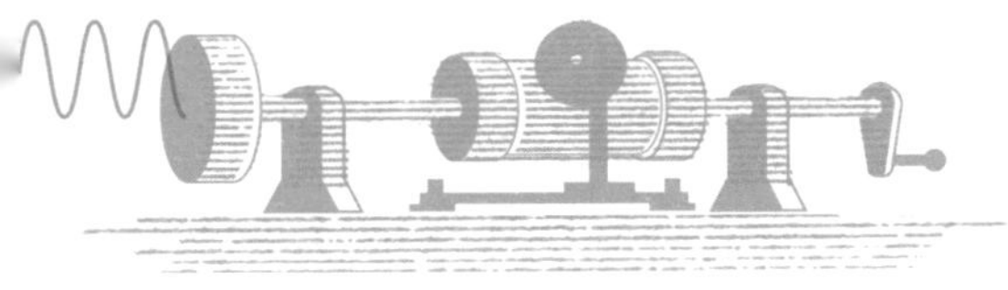

唱片式留声机
用扁平圆盘样的唱片记录声音

F大调
铮！
阿沃·帕特要来了！
声音再大点！
现在开
排练！
啦啦啦！
均衡器？

音乐学家
研究音乐的学者。他们通晓音乐史、文学史和艺术史。

演奏家
演奏乐器，表演音乐作品。作品可能是他们自己创作的，也可能是作曲家或者其他音乐家创作的。

DJ
负责制定聚会上的音乐播放单。他们可能直接把录好的音乐原样播放出来，也可能用特殊的设备对乐曲进行加工和改编。

指挥家
负责音乐作品整体的演出。指挥家的指挥棒一挥，音乐会就要开始了。

音响师
对声音如何穿透墙壁继续传播、如何从墙壁上反射回来的原理了如指掌。音乐厅、电影院和录音棚里都有音响师。

歌唱家
用自己的嗓音创造音乐的音乐家。

这些人的工作都与声音有关。
多亏有他们，我们听到的声音才更丰富，效果更好。

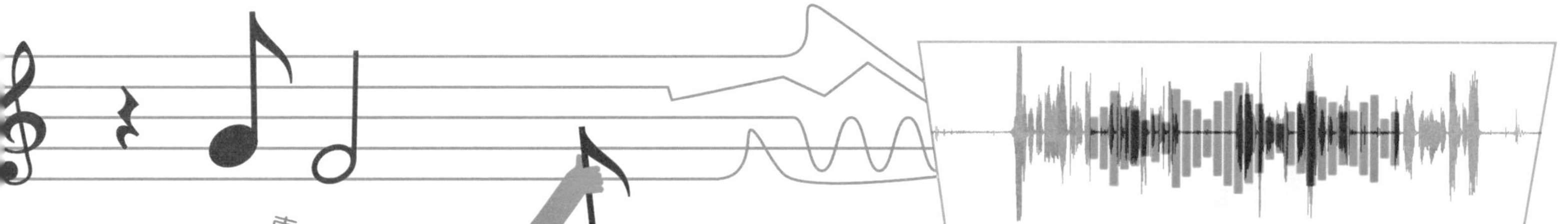

作曲家
负责创作音乐作品。他们用音符把乐音记录下来，写成乐谱。然后演奏家按照乐谱来演奏。

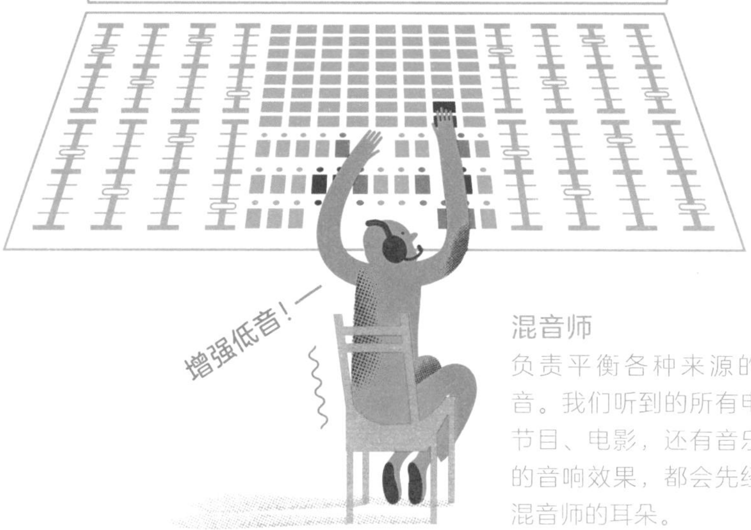

混音师
负责平衡各种来源的声音。我们听到的所有电视节目、电影，还有音乐会的音响效果，都会先经过混音师的耳朵。

录音师
负责录音。他们熟悉音响设备，会操作各种录音设备，创造各式条件，以获得最佳的录音效果。

广播电台主持人
我们听到的收音机里的声音，都归广播电台主持人负责。他们讲话必须发音清晰，用语丰富。

声音设计师
处理声音，就像视觉艺术家运用色彩一样。他们的任务是设计声音空间，创造声学环境。

소리

韩语

声音 [sori]

صوت

阿拉伯语

声音 [sot]

声

汉语

声 (shēng)

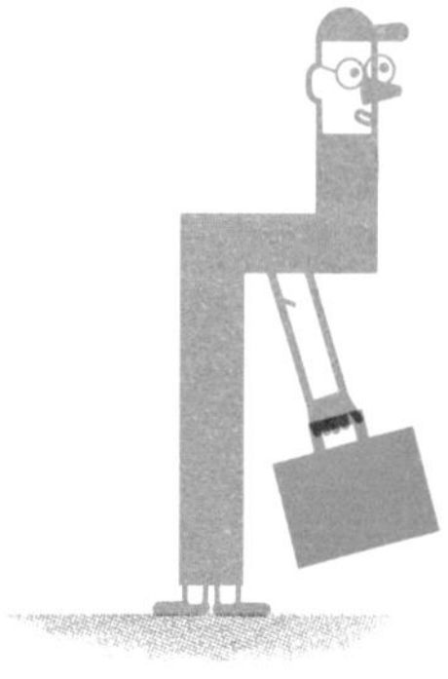

קול

希伯来语

嗓音，声音 [kol]

全世界有7000多种
语言。

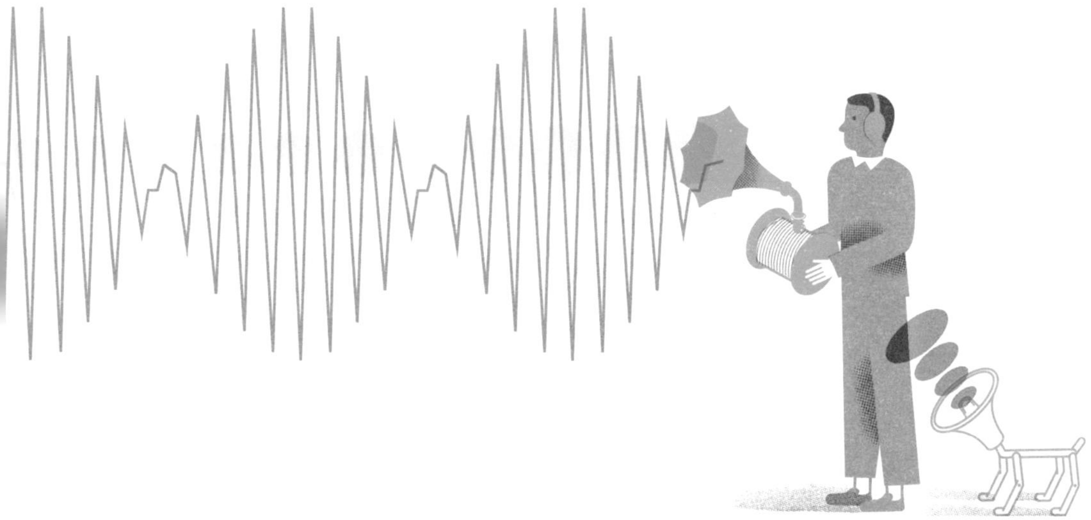

为了相互理解，我们会用同样的语言交谈。
每种语言听起来都很特别。

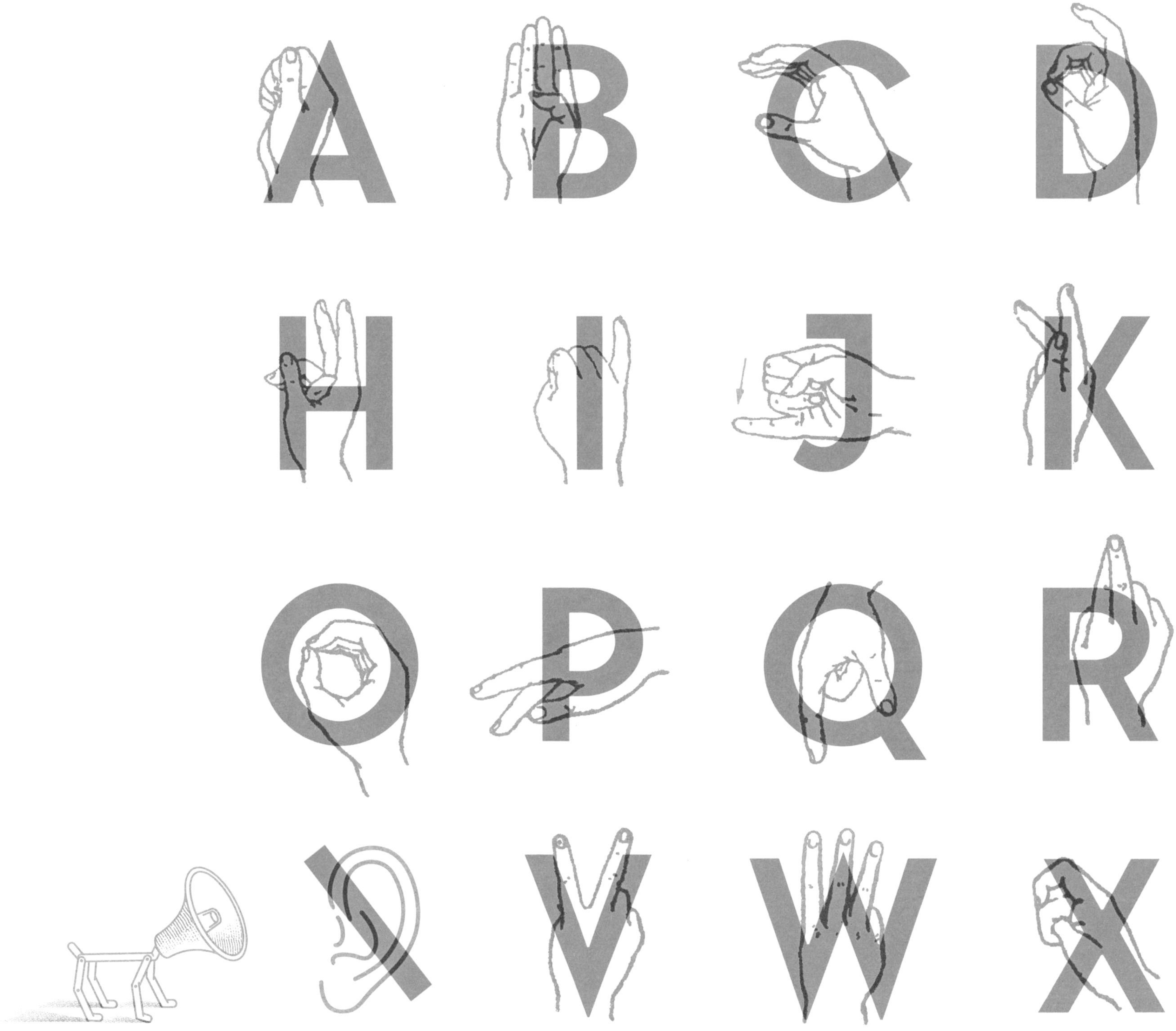

不过语言并不仅限于声音。即便是无声，你仍然
可以倾听、理解另一个人的意思。

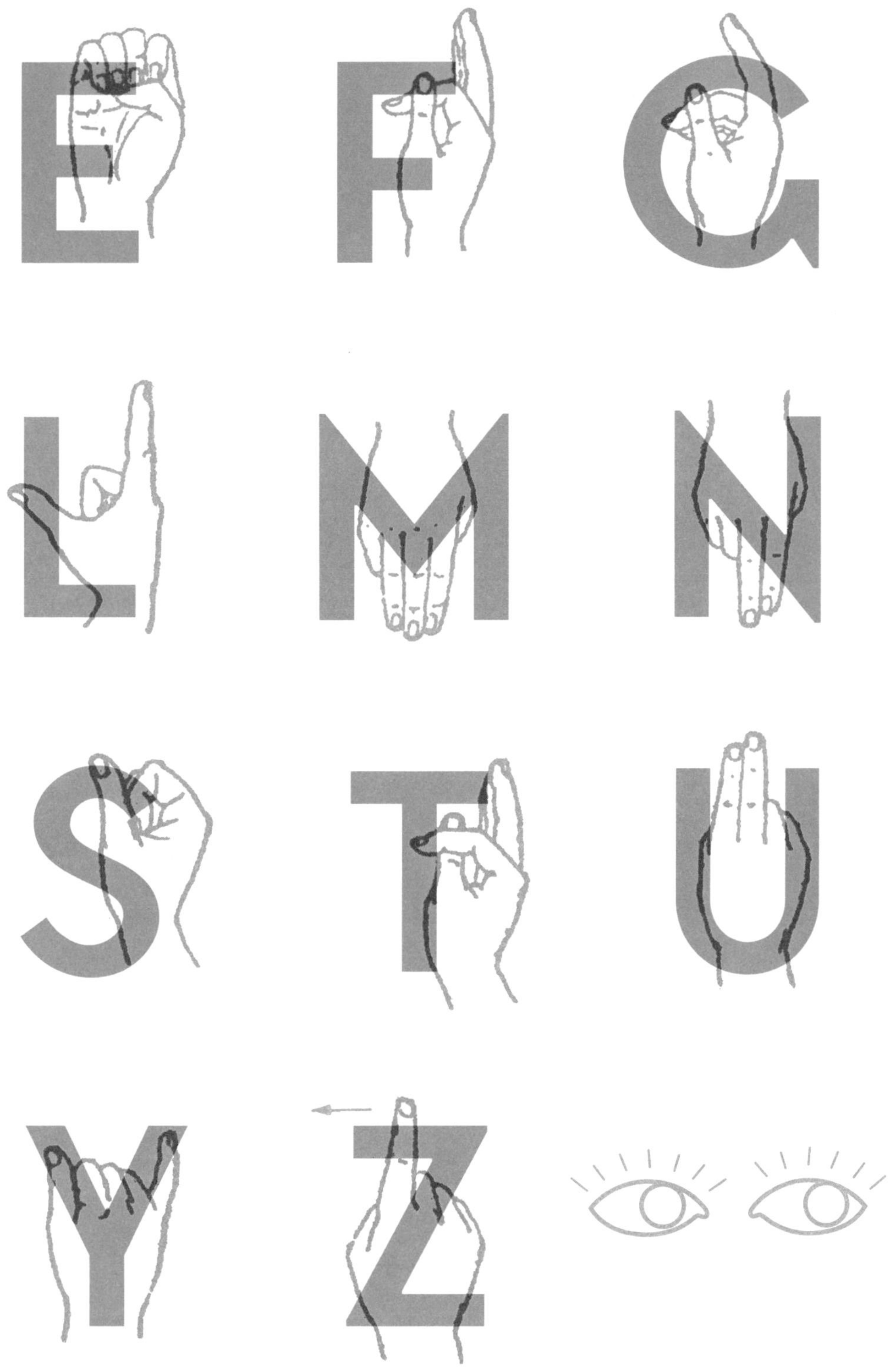

有听力障碍的人会使用“无声”的手语。世界上有150多种手语。

手语拼写
手语中用手势表示的拼音字母。

手语翻译员
将有声语言翻译成手语，或者将手语翻译成有声语言。

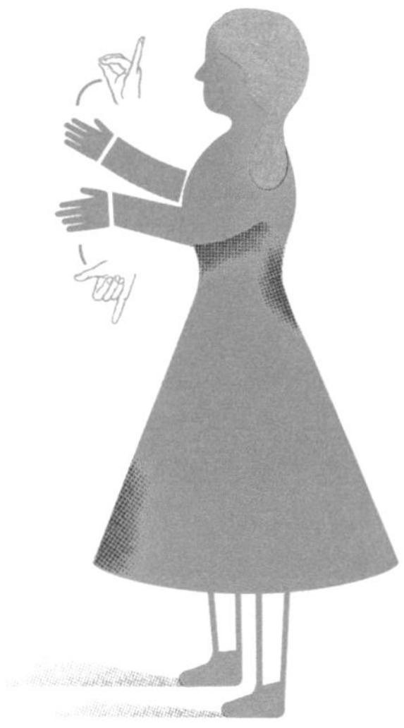

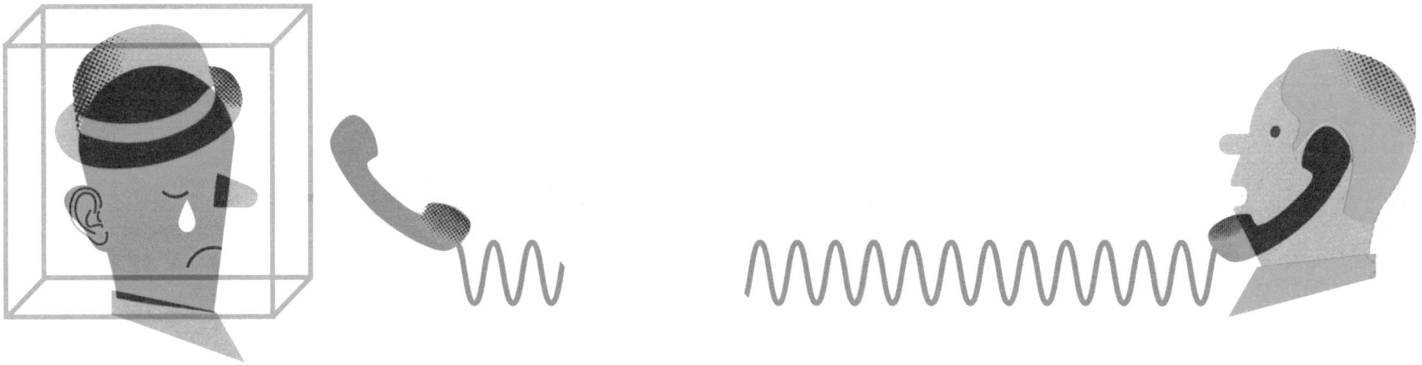

有时候相互沟通很难，
这会让我们觉得很孤独。

但是，就算不说话，我们一样可以找到共同语言来相互理解。

沙沙 簌簌 飒飒 淅淅沥沥 嘘 哗啦哗啦 滴答滴答 窸窸窣窣 哩哩啦啦 噼啪噼啪 轰隆隆 叮咚

有时候，你需要静静地待着，

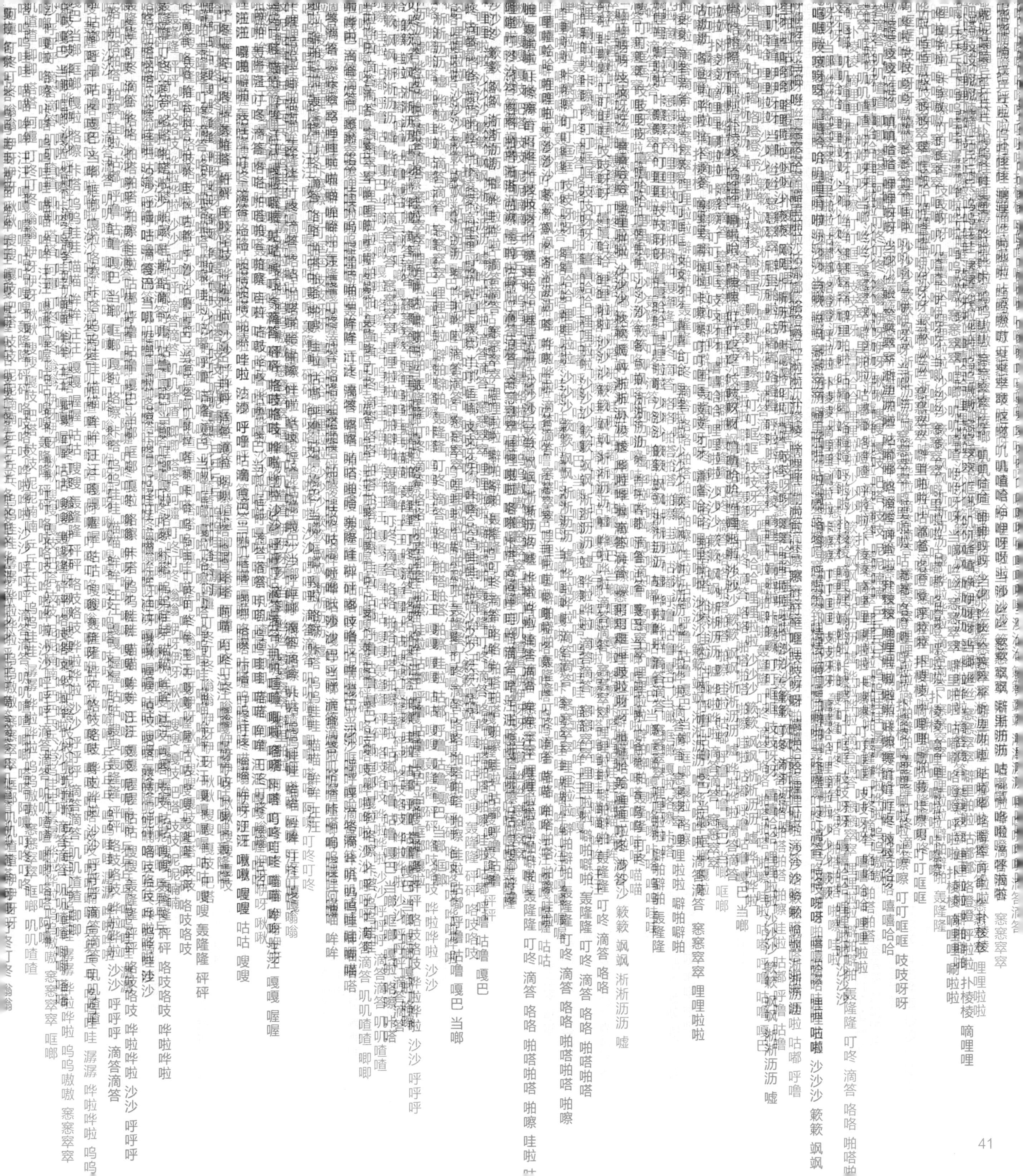

完全隔绝声响，**

***

****

才能听到那些最轻柔的声音。

在静默中，我们能找到自己寻找已久的东西，

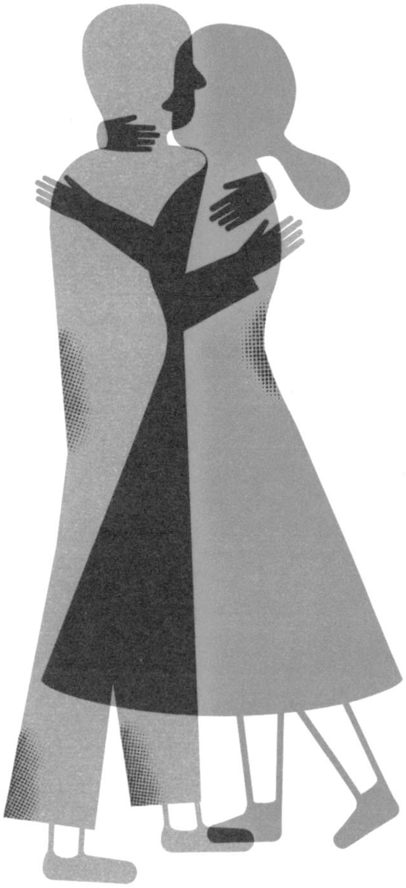

听到真正重要的东西，比如，两颗心跳动的声音。

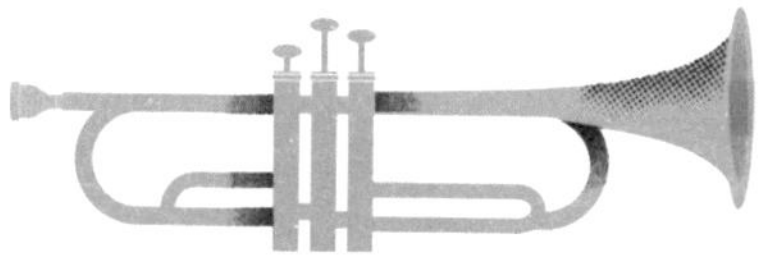

我们第一次听到声音时还很小很小。

然后，我们开始寻找属于自己的独特声音。

嘘！

再后来，我们学会了用耳听、
用心听，感受这个世界。

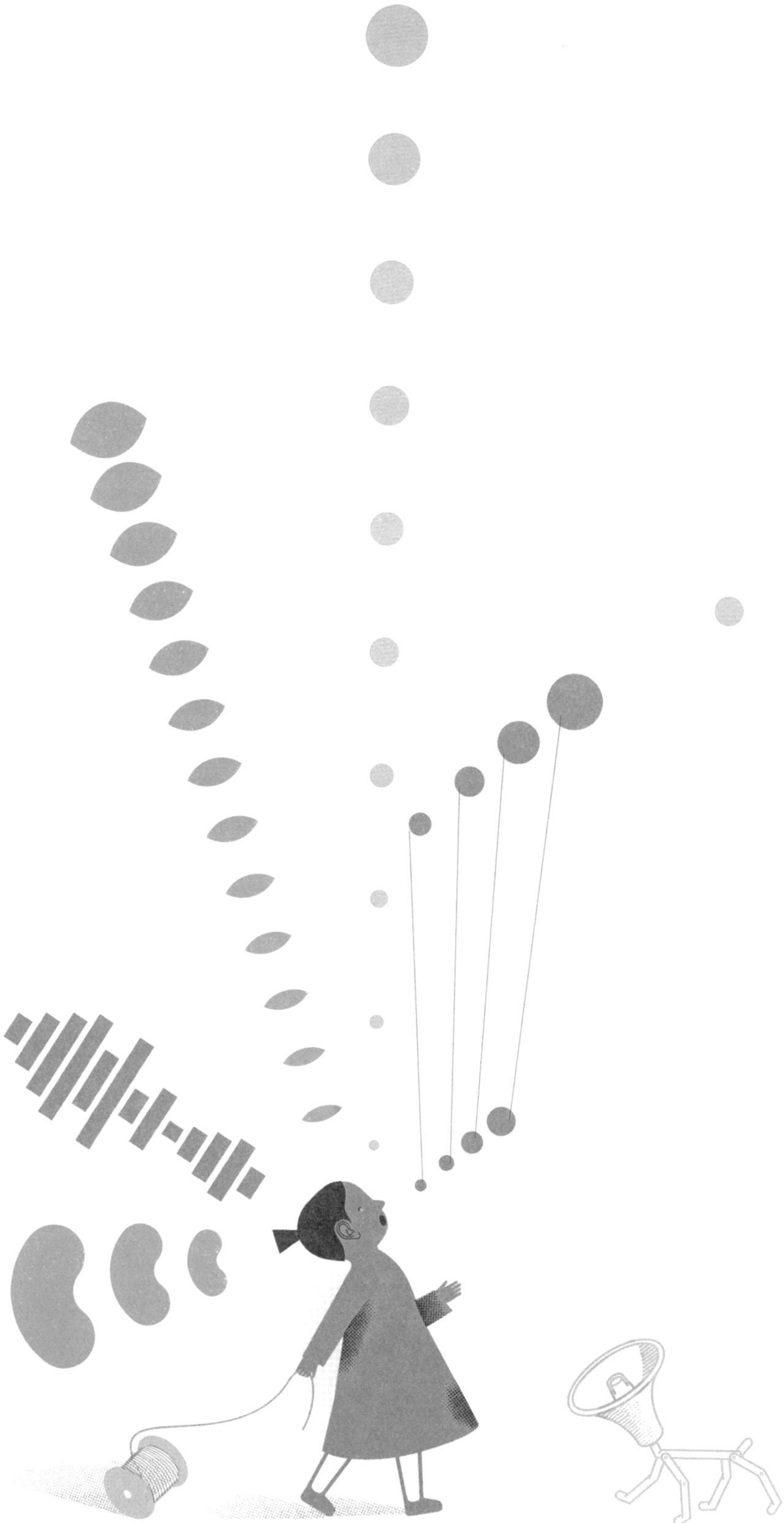

桂图登字：20-2017-268

图书在版编目（CIP）数据

声音之书 /（乌克兰）罗曼娜·罗曼尼辛，（乌克兰）安德里·利斯夫著；迟庆立译．— 南宁：接力出版社，2019.12
（好奇心科普图画书）
ISBN 978-7-5448-6359-9

Ⅰ．①声…　Ⅱ．①罗…　②安…　③迟…　Ⅲ．①声学－儿童读物　Ⅳ．①Q42-49

中国版本图书馆 CIP 数据核字（2019）第 227886 号

责任编辑：于　露　　文字编辑：曾诗朗　　美术编辑：王　辉
责任校对：贾玲云　　责任监印：史　敬　　版权联络：金贤玲
社长：黄　俭　　总编辑：白　冰
出版发行：接力出版社　　社址：广西南宁市园湖南路9号　　邮编：530022
电话：010-65546561（发行部）　　传真：010-65545210（发行部）
http://www.jielibj.com　　E-mail:jieli@jielibook.com
经销：新华书店　　印制：北京雅昌艺术印刷有限公司
开本：889毫米×1194毫米　1/12　　印张：5 4/12　　字数：50千字
版次：2019年12月第1版　　印次：2019年12月第1次印刷
印数：00 001—10 000册　　定价：78.00元

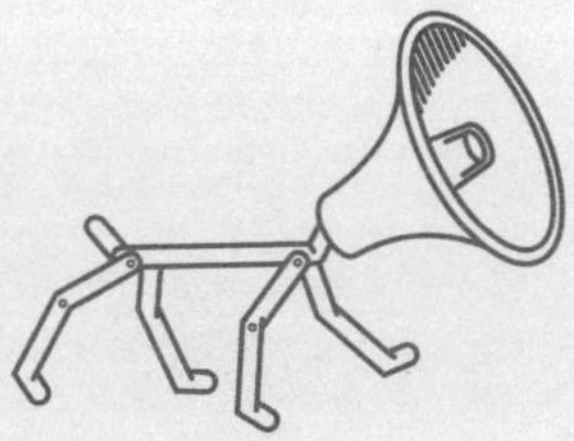

外层空间里一片寂静。宇宙中最古老的声音，是宇宙大爆炸的声音。大爆炸发生在大约137亿年前。今天我们可以听到复原的大爆炸的声音，要归功于美国物理学家约翰·克莱默的数学计算。

倾听静默：美国作曲家约翰·凯奇创作了一首“无声奏鸣曲”。这部作品最早发表于1952年，名为《4分33秒》，全曲长4分33秒。在这段时间里，音乐家只是坐着，没有演奏出任何乐声。

冥想时是我们在静默中与自己的意识独处的时刻。

哑剧演员不发出任何声音，完全依靠表情和手势等身体动作来创造丰富的艺术形象。